BEI GRIN MACHT SICH IHR WISSEN BEZAHLT

- Wir veröffentlichen Ihre Hausarbeit, Bachelor- und Masterarbeit

- Ihr eigenes eBook und Buch - weltweit in allen wichtigen Shops

- Verdienen Sie an jedem Verkauf

Jetzt bei www.GRIN.com hochladen und kostenlos publizieren

Marie Burger

Karteninterpretation L 8524 - Lindau am Bodensee

GRIN Verlag

Bibliografische Information der Deutschen Nationalbibliothek:

Die Deutsche Bibliothek verzeichnet diese Publikation in der Deutschen National-
bibliografie; detaillierte bibliografische Daten sind im Internet über http://dnb.d-
nb.de/ abrufbar.

Impressum:

Copyright © 2007 GRIN Verlag GmbH
Druck und Bindung: Books on Demand GmbH, Norderstedt Germany
ISBN: 978-3-656-26121-6

Dieses Buch bei GRIN:

http://www.grin.com/de/e-book/199265/karteninterpretation-l-8524-lindau-am-
bodensee

GRIN - Your knowledge has value

Der GRIN Verlag publiziert seit 1998 wissenschaftliche Arbeiten von Studenten, Hochschullehrern und anderen Akademikern als eBook und gedrucktes Buch. Die Verlagswebsite www.grin.com ist die ideale Plattform zur Veröffentlichung von Hausarbeiten, Abschlussarbeiten, wissenschaftlichen Aufsätzen, Dissertationen und Fachbüchern.

Besuchen Sie uns im Internet:

http://www.grin.com/

http://www.facebook.com/grincom

http://www.twitter.com/grin_com

¶Universität Trier

Fachbereich VI – Geographie / Geowissenschaften

Sommersemester 2007

Übung: Interpretation topographischer Karten

Karteninterpretation

Blatt L8524

Lindau am Bodensee

INHALT

INTERPRETATIONSSKIZZE

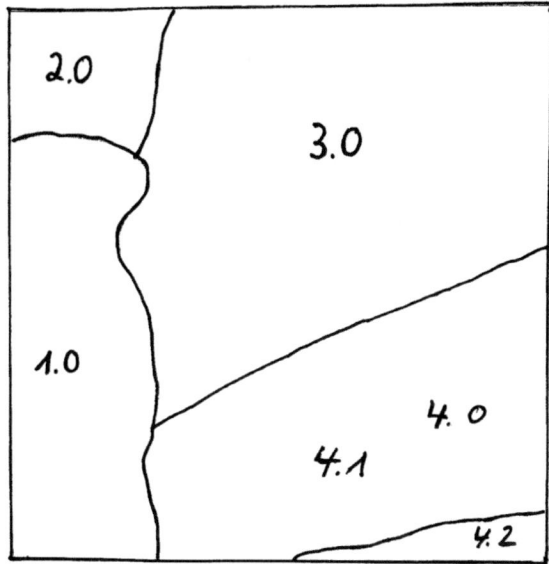

1.0: Bodensee und Gebiet Dornbirn – Bregenz (Rheinauen)

2.0: Lindauer Hinterland (nördl. Bodenseeufer)

3.0: Allgäu

4.0: Bregenzer Wald

    4.1: Bregenzer Wald zwischen Haselstauden und Riefensberg

    4.2: Bregenzerwaldgebirge

ALLGEMEINE INFORMATIONEN

Das Kartenblatt L 8524 Lindau am Bodensee zeigt das südwestliche Ende von Bayern sowie den östlichen Teil des Bodensees mit anschließendem Rheintal. Der größte Teil des Kartenblatts liegt in Österreich und zeigt Teile des österreichischen Bundeslandes Vorarlberg. Das Kartenblatt liegt zwischen 9°40' Ost und 10°00' Ost sowie 47°24' Nord und 47°36' Nord. Wir befinden und vornehmlich im Voralpenland im Gebiet der gefalteten Molasse und im Grundmoränen Gebiet. Am südlichen Rand beginnen die Kalkalpen und am westlichen Rand wird die Molasse vom Alpenrhein durchbrochen, der in den Bodensee

2

mündet. Das Gebiet weist mit Ausnahme des Rheintals eine hohe Reliefenergie auf. Insgesamt steigen die maximalen Höhen von Nord nach Süd in Richtung Alpen an, dabei werden die Berge Richtung Süden immer steiler.

GEBIET 1.0: BODENSEE UND GEBIET DORNBIRN – BREGENZ (RHEINAUEN)

Der höchste Punkt im Gebiet 1.0 liegt bei Rechtswert (RW) 35/55/8 und Hochwert (HW) 52/51/9 auf einer Höhe von 443 im Gebiet der Ortschaft Halterdorf. Der tiefste Punkt in diesem Gebiet liegt bei RW 35/51/6 und HW 52/65/0 im Gebiet des Bodensees. Das gesamte Gebiet ist relativ flach. Die Rheinebene steigt jedoch leicht von Nord nach Süd und etwas stärker vom Rhein ostwärts an. Die mittleren Höhen in diesem Gebiet liegen bei 405 m über NN.

Hydrographisch geprägt wird das Gebiet 1.0 vom Rhein und vom Bodensee in die alle Fließgewässer münden. Der Rhein liegt am äußersten westlichen Rand des Kartenblatts. Er wurde begradigt und eingedeicht. Die Eindeichung in diesem Gebiet lässt darauf schließen, dass die Gefahr besteht, dass die Gewässer bei Schneeschmelze über die Ufer treten. Aufgrund des geringen Gefälles in diesem Gebiet wären von den Überschwemmungen große Gebiete betroffen. Weitere Gewässer die ebenfalls eingedeicht wurden, sind: die Bregenzer Ache, die Dörnbirner Ache, der Staldenbach, der Schwarzachbach. Festzustellen ist außerdem, dass das Gebiet von Entwässerungsgräben durchzogen ist. Dies lässt auf einen sehr feuchten Boden schließen, der zur Bewirtschaftung trockengelegt werden musste. Augrund der sehr niedrigen Reliefenergie in diesem Gebiet entwässern die Gräben nicht ausschließlich in eine Richtung. Im Gebiet um Dornbirn existieren noch sumpfige Gebiete, was die Vermutung feuchter Böden bestätigen würde. Der Bodensee ist ein Zungenbeckensee, der durch die letzte Eiszeit entstanden ist. In ihm befindet sich eine Insel auf der die Stadt Lindau am Bodensee liegt. Die Insel ist über einen Damm und eine Brücke mit dem Ufer verbunden.

Der tiefere Untergrund in diesem Gebiet besteht wahrscheinlich aus Kiesen und Sanden, die der Rhein und seine Zuflüsse während des Pleistozän und Holozän abgelagert haben. Vor der Begradigung floss der Rhein wahrscheinlich als Mäander durch das Rheintal und wechselte häufiger sein Flussbett.

Die Böden in diesem Gebiet sind wahrscheinlich Auenböden, die vom Rhein geprägt wurden. Es müssen fruchtbare Böden sein, da in diesem Gebiet keine Waldgebiete existieren und auf den Trockengelegten Flächen ausschließlich Garten- und Ackerbau betrieben

3

werden. Falls der Grundwasserspiegel hier sehr hoch ist, könnte es auch zur Bildung von Gley kommen.

Die Vegetation zeichnet sich vor allem durch Ackerbau aus, der auf den trockengelegten Auenböden betrieben wird. Im Bereich der Siedlungen existieren darüber hinaus Flächen intensiver Gartenbaunutzung. Es existieren einige Restflächen auf denen noch Sumpfvegetation existieren dürfte. Die Ackerflächen sind zudem durchsetzt mit Bäumen, insbesondere die Birke worauf der Name Birkenwiese schließen lässt, die zusätzlich zur Trockenlegung der Flächen dienen. Durch die Klimastabilisierende Wirkung des Bodensees, der für relativ milde Winter sorgt, ist dieses Gebiet zusätzlich begünstigt.

GEBIET 2.0: LINDAUER HINTERLAND (NÖRDL. BODENSEEUFER)

Der höchste Punkt in Gebiet 2.0 bei RW 35/55/8 und HW 52/71/0 nahe der Ortschaft Zeisertsweiler. Der tiefste Punkt liegt bei RW 35/52/9 und HW 52/68/5 in der Ortschaft Aeschach. Das gesamte Gebiet ist sehr hügelig wobei es vom Bodensee Richtung Norden ansteigt. Die durchschnittlichen Höhen in diesem Gebiet liegen bei ca. 450 m über NN.

Im Gebiet 2.0 existieren nur wenige Fließgewässer. Der größte Fluss ist die Laibach, die auch die Staatsgrenze zwischen Deutschland und Österreich bildet. Die Laibach fließt von Nord nach Süd und mündet in den Bodensee. Es existieren darüber hinaus noch kleinere Bäche wie die Ach, die auch von Nord nach Süd fließt und in den Bodensee mündet, der Wolfsbach, der von Nord nach Süd fließt und in die Ach mündet, oder der Mötzacher Tobelbach, der bei Oberhof entspringt und bei Aeschach in die Ach mündet. Neben diesen Bächen existieren noch mehrere kleinere Seen, wie die Weißenberger Weiher in der Nähe von Weißenberg. Darüber hinaus existieren auch mehrere kleinere Moorgebiete zum Beispiel nahe dem Dorf Eggenwatt. Einige dieser Moorgebiete werden von Gräben durchzogen, die zur Trockenlegung der Feuchtgebiete beitragen sollen.

Der tiefere Untergrund in diesem Gebiet besteht wohl aus Grundmoränenmaterial, das während des Pleistozäns abgelagert wurde. Dies dürfte auch die Moorgebiete und Hügel in der Landschaft erklären, die ich als Drumlins interpretieren würde.

Die Böden in diesem Gebiet dürften im Bereich der sumpfigen Gebiete Moor- oder Torfböden sein. In den höher gelegenen oder trockenen Gebieten würde ich auf Braunerden bis Parabraunerden schließen. Die Böden sind nicht sehr fruchtbar, da weite Gebiete von Wald und Wiesen bewachsen sind.

Die Waldgebiete in Gebiet 2.0 bestehen vor allem aus Laub und Nadelwald. Ackerbau existiert kaum. Gartenbau wird in den Ortschaften direkt am Bodensee betrieben. Die meisten Flächen bestehen aus Wiesen. In den Moorgebieten dürfte Moorvegetation existieren.

GEBIET 3.0 ALLGÄU

Der höchste Punkt in Gebiet 3.0 ist der Hirschberg mit 1095 m über NN bei RW 35/61/9 und HW 52/64/9. Der tiefste Punkt liegt bei RW 35/58/0 und HW 52/60/4 auf einer Höhe von 456 m über NN. Das Gebiet durchziehen zwei Höhenzüge die von Südwest in Nordöstliche Richtung nahezu parallel verlaufen, wobei sie sich nach Nordosten abflachen.

Alle Gewässer in Gebiet 3.0, bis auf den Beulenbach, der nach Norden entwässert, entwässern in die Bregenzer Ache, die in den Bodensee mündet. Weitere wichtige Fließgewässer sind die Weissach, die von Nordosten her kommend nach Südwesten fließt und bei Rohrhalden in die Bregenzer Ache mündet; die Rotach, die nördlich von Weiler-Simmerberg entspringt, in südliche Richtung fließt und bei Nellenburg ebenfalls in die Bregenzer Ache mündet; und die Bolgenach, die von Südosten herkommend nach Nordosten fließt und bei Bündegg in die Weissach mündet. All diese Gewässer haben sich sehr stark in das Gestein eingetieft, so dass sich an bestimmten Flussabschnitten ab Ende der letzten Eiszeit Schluchten ausgebildet haben. Diese stark eingetieften Täler lassen auf widerstandsfähige Gesteine schließen. Im Gebiet um den Pfänder haben sich zusätzlich mehrere kleinere Bäche ebenfalls stark ins Gestein eingetieft. Insgesamt existiert in Gebiet 3.0 ein dichtes Gewässernetz. In der Nähe von Sulzberg existiert ein Moorgebiet auf einem Plateau in dem auch Torfstich betrieben wird.

Der tiefere Untergrund in Gebiet 3.0 besteht im nördlichen Teil wahrscheinlich aus Grundmoränenmaterial welches während des Pleistozäns abgelagert wurde. Südlich daran anschließend liegt das Gebiet der gefalteten Molasse aus denen auch die beiden großen Höhenzüge bestehen dürfte. Die Molasse wurde bei der Alpenbildung mitgefaltet.

Die Böden in diesem Gebiet dürften in erster Linie Braunerden sein, mit Ausnahme der Moorgebiete in denen Torfböden vorherrschend sein dürften.

Weite Teile des Gebietes 3.0 sind bewaldet. Die bewaldeten Gebiete sind in erster Linie mit Nadelbäumen bewachsen, dies erklärt sich in erster Linie durch die Höhenlage, da sich das Gebiet auf einer Höhe zwischen 500 und ca. 1000m über NN bewegt. Auf den baumfreien

Gebieten befinden sich Wiesen und Weiden, die wahrscheinlich zur Milchviehhaltung herangezogen werden.

GEBIET 4.0 BREGENZERWALD

GEBIET 4.1 BREGENZERWALD ZWISCHEN HASELSTAUDEN UND RIEFENSBERG

Der höchste Punkt in Gebiet 4.1 das Hochälpele liegt bei RW 35/61/5 und HW 52/52/0 auf einer Höhe von 1464m über NN. Der tiefste Punkt in Gebiet 4.1 liegt bei RW 35/67/4 und HW 52/54/6 auf 591m über NN zwischen Andelsbuch und Egg. Das Gebiet steigt von Nord nach Süd an wobei eine Senke bei den Orten Egg und Andelsbuch liegt. Das Gebiet weist insgesamt eine hohe Reliefenergie auf, mit relativ steilen Flanken der Höhenrücken.

Hydrographisch wird Gebiet 4.1 von der Bregenzer Ache geprägt, die das Gebiet von Süd nach Nord durchfließt. In die Bregenzer Ache münden der Schmiedebach, der von Ost nach West fließt und bei Egg in die Bregenzer Ache mündet und die Subersach, die ebenfalls von Ost nach West fließt und bei Kleimat in die Bregenzer Ache mündet. Nicht in die Bregenzer Ache sondern in die Dornbirner Ache mündet der Schwarzachbach, der bei Schwanteln entspringt. In der Senke bei Andelsbach befinden sich darüber hinaus noch einige Moorgebiete wie das Fohramoos bei Bödele.

Der tiefere Untergrund dürfte aus Molasse bestehen. Diese Molasse besteht in erster Linie aus Abtragungsmaterial der Alpen, dass im Zuge der fortdauernden Alpenbildung selbst eine Faltung erfahren hat.

Bei den Böden in diesem Gebiet dürfte es sich um Braunerden handeln. Falls das Gebiet stärkerem Niederschlag ausgesetzt ist, könnte es sich auch um Parabraunerden handeln. In den Gebieten in denen Moore existieren dürften zudem auch Moorböden existieren.

Weite Teile des Gebietes 4.1 sind mit Wald bedeckt, wobei es sich ausschließlich um Nadelwald handelt. Dies ist durch die Höhenlage zwischen ca. 600 und 1450m über NN zu erklären. Ansonsten gibt es in diesem Gebiet Wiesen, jedoch kein Ackerbau. Zwischen Egg und Andelsbuch kommen auch Heideflächen vor.

GEBIET 4.2 BREGENZERWALDGEBIRGE

Der höchste Punkt in Gebiet 4.2 ist der Tristenkopf mit 1741m über NN bei RW 35/73/0 und HW 52/52/0. Der tiefste Punkt liegt bei RW 35/69/0 und HW 52/52/3 auf einer Höhe von

858m über NN. Das Gebiet steigt nach Süden stark an bis auf eine Höhe von 1600m über NN.

Einige Bäche entspringen in Gebiet 4.2, die Richtung Norden fließen und in den Schmiedebach bzw. direkt in die Bregenzer Achse münden. Außer diesen Bächen entspringen auf ca. der gleichen Höhe einige Quellen die kurze Zeit später wieder versickern, daher würde ich hier auf Karstquellen schließen. Dies führt hin zum tieferen Untergrund. Aufgrund der Karstquellen würde ich auf Kalkstein im Untergrund schließen, was bedeuten würde, dass wir uns am nördlichen Rand der Kalkalpen befinden.

Aufgrund der starken Hangneigung und des Kalkgesteins im Untergrund würde ich auf die Bildung von Rendzinen zumindest in den baumfreien Regionen schließen. Neben Rendzinen könnten sich in der baumbewachsenen Zone auch Braunerden gebildet haben. Aufgrund der klimatischen Höhenstufen reicht der Nadelwaldbestand nur bis zu einer Höhe von 1500m über NN. Darüber existieren noch Wiesen, die über 1650m über NN ebenfalls verschwinden.

SIEDLUNGSGEOGRAPHIE

Das Kartenblatt Lindau am Bodensee stellt wie oben bereits erwähnt einen Teil des deutsch-österreichischen Grenzgebietes dar. Das gesamte Gebiet ist relativ dünn besiedelt wobei sich relative Ballungsräume im Rheintal und an den Ufern des Bodensees ausmachen lassen. Die größten Siedlungen sind Lindau am Bodensee, Bregenz mit einem großen Kloster und Dornbirn, die alle im genannten Gebiet liegen. Ansonsten existieren nur kleinere Landgemeinden wie Weiler- Sommerberg, Alberschwende oder Scheidegg. Die Siedlungen im Rheintal befinden sich alle am Rand des Tales auf etwas höher gelegenem Gebiet. Dies spricht dafür, dass die Siedlungen vor Begradigung und Eindeichung des Rheins entstanden sein müssen. Der Rhein trat früher jährlich bei der Schneeschmelze über seine Ufer, was zur Überschwemmung der Ortschaften in direkter Nachbarschaft zum Rhein geführt hätte. Neben dem Rhein wurden auch seine Zuflüsse eingedeicht, um so das Risiko von Überschwemmungen zu minimieren. Auch wenn die Siedlungen im Rheintal sehr viel größer sind als die im Hinterland scheint es dort kaum Industrie zu geben. Die einzigen Anlagen die als Industriekomplexe gedeutet werden könnten liegen am Ufer des Bodensees nahe dem Ort Zech. Im ländlichen Gebiet des Allgäus und Bregenzer Waldes findet sich überhaupt keine Industrie. Nur bei Sulzberg existiert Torfstich, der höchstwahrscheinlich aber auch nicht kommerziell abgebaut wird, da die Fläche doch eher klein ist. Zur

Siedlungsstruktur der ländlichen Gemeinden ist zu sagen, dass kaum Haufendörfer existieren. In erster Linie liegen einzelne Gehöfte verstreut in der Landschaft. Nur um die Kirchen entwickelten sich größere Siedlungen. Da so gut wie kein Ackerbau betrieben wird finden sich auch keine Mühlen entlang der Flüsse, mit Ausnahme des Ortes Mühle, der auf eine Wassermühle schließen lässt.

Die verkehrstechnisch günstigste Lage hat das Rheintal. Hier sind keine großen Höhen zu überwinden, was den Bau von Eisenbahnstrecken und Autobahnen erheblich erleichtert. Durch das Rheintal verlaufen zwei Bahnstrecken, eine von Lustenau die andere von Dornbirn herkommend. Beide treffen bei Lauterbach zusammen und verlaufen weiter Richtung Norden nach Bregenz. Von Bregenz aus verläuft eine Bahnstrecke weiter nach Lindau am Bodensee, wo sich ein Sackbahnhof befindet. Von Lindau führen wiederum zwei Bahnstrecken weiter nach Friedrichshafen und Hergatz. Von Bregenz aus schlängelt sich eine eingleisige Bahnstrecke durch das Tal der Bregenzer Ache an den Orten Lingenau, Egg und Andelsbuch vorbei. Des Weiteren existieren zwei Bahnstrecken von Röthenbach nach Weiler-Simmerberg sowie von Röthenbach nach Scheidegg. Die Erschließung der sonstigen Gebiete, die keinen Bahnanschluss haben, ist schwierig, da zum einen große Höhenunterschiede zu überwinden wären, was einen großen Kostenaufwand voraussetzen würde und zum anderen sind die Gebiete nur sehr dünn besiedelt, was einen kostendeckenden Bahnbetrieb unmöglich macht.

Die Erschließung des Gebietes per Straße ist besser als die durch die Bahn, jedoch existieren im gesamten Untersuchungsgebiet keine Autobahnen. Es ist lediglich eine Autobahn von Süden her kommend bis Dornbirn geplant. Wichtige Straßenverbindungen sind die E 17 von Süden kommend über Dornbirn nach Bregenz und von da weiter nach Westen in Richtung St. Margrethen. Von Bregenz über Lindau nach Kempten im Allgäu verläuft die E 61, Wichtig zur Erschließung der ländlichen Gebiete auf deutscher Seite ist die B 308 die von Rothkreuz aus nach Osten an Scheidegg und Weiler-Simmerberg vorbei über Lindenberg nach Immenstadt im Allgäu verläuft. Auf österreichischer Seite erfüllt eine ähnliche Funktion die ebenfalls in West Ostrichtung verlaufende Straße 200. Diese Straße verläuft von Dornbirn über Albertschwende und Egg nach Süden in Richtung Bezau. Bei Müselbach geht von der 200 eine weitere Straße ab die weiter nach Osten über Lingenau und Hittisau bis nach Balderschwang verläuft. In Nord-Süd Richtung über die Landesgrenze führt außer am Bodensee keine Hauptstraßenverbindung entlang. Im Rheintal existiert außerdem noch der Rhein – Vorarlberg Binnenkanal der wahrscheinlich auch als Transportweg genutzt wurde.

LITERATUR

HAGEL, J. (1998): Geographische Interpretation topographischer Karten. Stuttgart u. a.

HEINEBERG, H. (2004): Einführung in die Anthropogeographie/Humangeographie. 2. Aufl.,

Paderborn.

LESER, H. (1997) Wörterbuch Allgemeine Geographie. 12. Aufl., München.

LIEDTKE, H. / MARCINEK, J. (1994): Physische Geographie Deutschlands. Gotha.

ZEPP, H. (2004): Geomorphologie. 3. Aufl., Paderborn.